Iqra Murad
Hafeez Anwar

Introdução à tecnologia das pilhas de combustível

Iqra Murad
Hafeez Anwar

Introdução à tecnologia das pilhas de combustível

ScienciaScripts

Imprint
Any brand names and product names mentioned in this book are subject to trademark, brand or patent protection and are trademarks or registered trademarks of their respective holders. The use of brand names, product names, common names, trade names, product descriptions etc. even without a particular marking in this work is in no way to be construed to mean that such names may be regarded as unrestricted in respect of trademark and brand protection legislation and could thus be used by anyone.

Cover image: www.ingimage.com

This book is a translation from the original published under ISBN 978-620-2-00895-2.

Publisher:
Sciencia Scripts
is a trademark of
Dodo Books Indian Ocean Ltd. and OmniScriptum S.R.L publishing group

120 High Road, East Finchley, London, N2 9ED, United Kingdom
Str. Armeneasca 28/1, office 1, Chisinau MD-2012, Republic of Moldova, Europe
Printed at: see last page
ISBN: 978-620-7-65830-5

Dedicação

Dedico este trabalho aos meus pais

&

o meu irmão mais velho B ;

Que reza sempre pelo meu futuro

melhor e é tudo por causa de

a sua bondade que

Sou muito bem sucedido na minha

vida.

Agradecimentos

Em nome de Deus, o Clemente e o Misericordioso.

Estou grato ao conceituado professor Dr. Hafeez Anwar Sb, que continuou a proporcionar-me oportunidades para melhorar as minhas competências e capacidades em todos os aspectos.

Desta vez, foi-me atribuída uma importante tarefa de "Projeto". Tentei dar o meu melhor na preparação deste projeto em particular.

Mas, mesmo assim, em caso de negligência, peço a gentileza de me informarem sobre a área a melhorar.

Terms Used	
EV	Electric Vehicle
PEM	Proton Exchange Membrane
PAFC	Phosphoric Acid Fuel Cell
GE	General Electric
FCV	Fuel Cell Vehicle
CHP	Combine Heat and Power
UAV	Unmanned Aerial Vehicle
YSZ	Yttria Stabilized Zirconia
SOFC	Solid Oxide Fuel Cell
AFC	Alkaline Fuel Cell
MCFC	Molten Carbonate Fuel Cell
NASA	National Aeronautics and Space Administration

ÍNDICE DE CONTEÚDOS

Resumo

A procura de energia está a aumentar de dia para dia porque os preços do petróleo estão a subir. Além disso, o aumento da população também exige energia. Foram feitas muitas invenções para satisfazer esta procura, mas a pilha de combustível é a mais bem sucedida. Tem muitas vantagens, como maior eficiência, baixo custo de fornecimento aos consumidores e limpeza.

As células de combustível transformam de forma simples e eficaz a energia química em energia eléctrica. Durante a década mais recente, os dispositivos de energia têm recebido enorme consideração dos estabelecimentos e organizações de exploração como novos sistemas de conversão de energia eléctrica. Mais cedo ou mais tarde, eles verão aplicação na condução de automóveis, na era da energia apropriada e em aparelhos portáteis de baixa potência (substituição de baterias). Este artigo apresenta uma revisão muito abrangente sobre a tecnologia da célula de combustível e sua história.

Neste documento, define-se claramente o que é a pilha de combustível, quais são as suas vantagens e por que razão é uma tecnologia emergente. São também mencionados o seu funcionamento e alguns tipos de células de combustível: membrana de permuta de protões, célula de combustível de óxido sólido, célula de combustível de carbonato fundido, célula de combustível alcalina, célula de combustível de hidrogénio e oxigénio. O presente documento apresenta uma discussão completa sobre as aplicações das pilhas de combustível em grande e pequena escala. Este documento apresenta os desenvolvimentos e a investigação efectuados nos anos anteriores sobre a tecnologia das pilhas de combustível.

1. Introdução

1.1 O que é uma pilha de combustível?

A célula de combustível é uma célula ou dispositivo elétrico que converte energia química em energia eléctrica através de um processo eletroquímico. A célula é constituída por dois eléctrodos, um eletrólito e um gás combustível. A célula é alimentada continuamente com combustível para obter energia ou eletricidade. Uma célula de combustível básica é construída colocando o elétrodo em cada lado de um eletrólito. Converte o hidrogénio combustível em energia eléctrica e o calor em água através da reação. A reação geral é explicada a seguir

2H2 (GÁS) + o2 (GÁS) >2112O + energia

O gás hidrogénio é fornecido no ânodo, o terminal negativo da bateria. O hidrogénio divide-se em duas partes, o eletrão e o protão. O eletrão move-se através do circuito externo, enquanto os protões atravessam o eletrólito e chegam ao cátodo (terminal positivo da pilha). No cátodo, tanto o protão como o eletrão combinam-se com o oxigénio, formando água como subproduto.

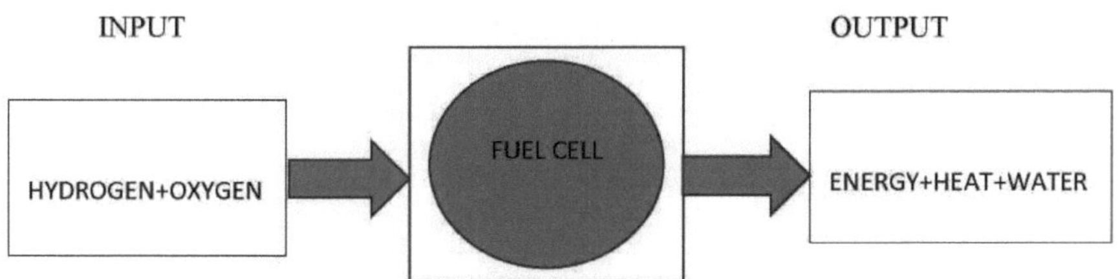

Fig. 1.1: Entrada e Saída da Célula de Combustível

A área de contacto entre o eletrólito, o elétrodo e o gás é muito pequena nas pilhas de combustível simples, o que faz com que o eletrólito enfrente uma resistência elevada. Para evitar esta dificuldade, nas pilhas de combustível, a área de contacto é aumentada através da utilização de uma placa plana de espessura muito pequena entre os eléctrodos. É utilizado um elétrodo poroso para facilitar a penetração entre o gás e o eletrólito. A eficiência e a corrente também aumentam com o aumento da área de contacto. O processo é apresentado na fig.

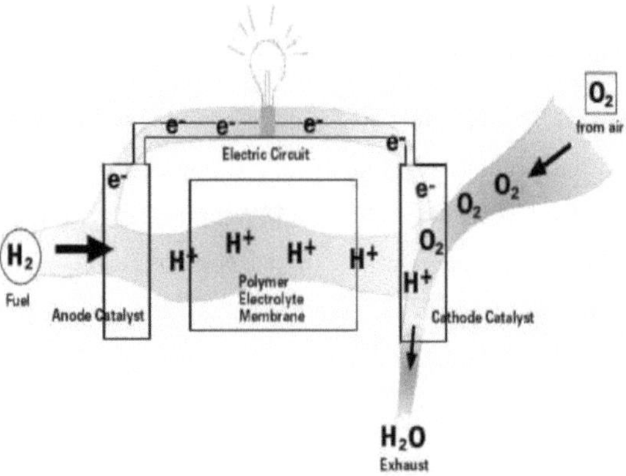

Fig. 1.2: Diagrama do circuito

Se o combustível for fornecido constantemente, a pilha de combustível fornece eletricidade de forma contínua. A figura seguinte apresenta uma célula de combustível típica:

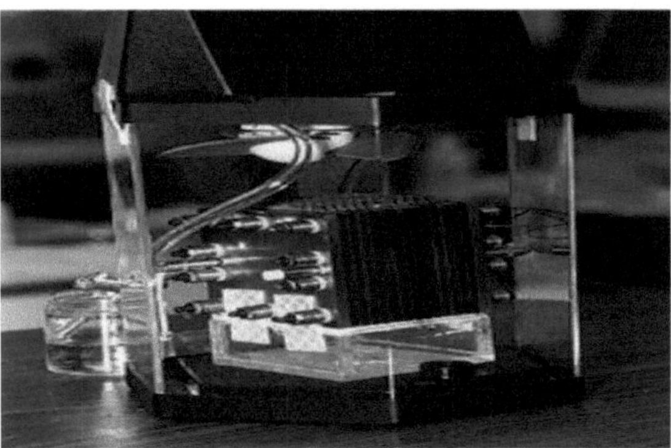

Fig. 1.3: Célula de combustível típica

Existem muitos recursos de hidrogénio gasoso, que pode ser recolhido a partir do gás natural, do carvão ou do metanol. Uma vez que a pilha de combustível produz eletricidade através de uma reação química, há muitas emissões significativas, como o CO_2. Estas emissões ocorrem muito raramente no processo de combustão do combustível.

A célula de combustível é preferível aos motores térmicos devido às seguintes vantagens

- Tem uma eficiência elevada.
- Se o hidrogénio for utilizado como combustível, funciona silenciosamente.
- Não cria poluição.

- São necessárias menos precauções de segurança.

Devido a estas vantagens, parece que o hidrogénio será 100% combustível num futuro próximo. A água e o dióxido de carbono formam-se como resultado da combustão de hidrocarbonetos. A probabilidade de formação de água e de redução das emissões de CO_2 aumenta à medida que o teor de hidrogénio aumenta no combustível. A figura seguinte mostra a utilização de combustíveis. [1-3]

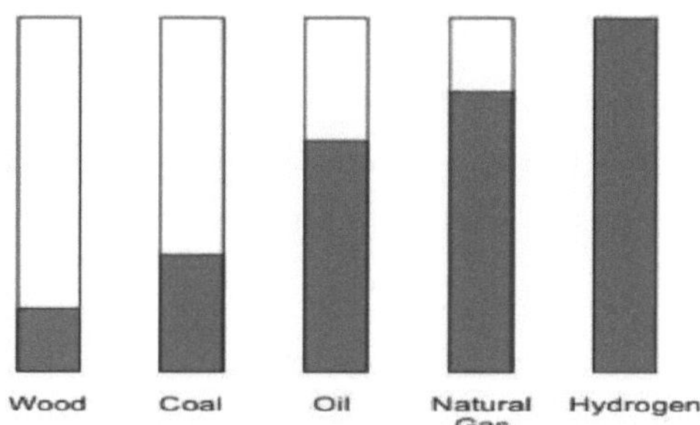

Fig. 1.4: Percentagem de utilização de combustíveis

1.2 História

Nos primeiros séculos, as pessoas utilizavam cavalos como meio de transporte. Por todo o mundo, as carroças eram puxadas com a ajuda de cavalos para levar e trazer as pessoas para os seus empregos e casas de habitação. Todos os grandes camiões carregados de materiais pesados eram também puxados por cavalos. A utilização de cavalos em grande número causou poluição e propagação de doenças. A poluição criada pelos cavalos, sob a forma líquida e sólida, dá origem a ratos e insectos.

Os automóveis e os camiões eram muito raros nas estradas. A revolução industrial estava em curso nas grandes cidades e vilas. A utilização de automóveis e camiões era mais fiável e rápida do que a dos cavalos. Com o passar do tempo, a utilização de automóveis aumentou, pois criava menos poluição e consumia menos tempo. [4]

Fig.1.5: O cavalo como transportador

No final do século XX, os veículos eléctricos (VE) eram utilizados como meio de transporte. A quantidade destes automóveis era de cerca de um terço do total. A bateria a gás também foi inventada há muito tempo. Estas invenções reduziram a utilização de cavalos e os VE tornaram-se mais populares entre as pessoas. [5]

Origem da tecnologia das pilhas de combustível

Sir William Grove foi a primeira pessoa a iniciar a tecnologia das células de combustível. Desenvolveu uma pilha de células húmidas, o que lhe valeu a fama entre os cientistas. A figura abaixo é um esboço da célula de combustível de Grove, desenvolvida em 1839.

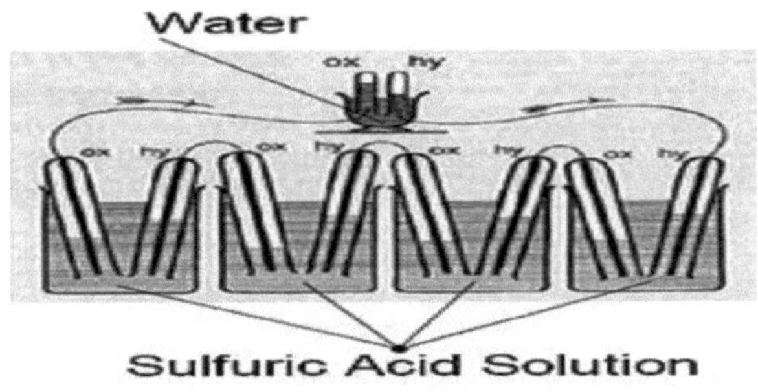

Fig. 1.6: Célula de combustível de Grove

O funcionamento desta célula mostrou que, com a utilização de eletricidade, a água pode dividir-se em duas partes, hidrogénio e oxigénio. A partir desta experiência, concluiu que a reação inversa também poderia ser possível para produzir eletricidade. Com base nesta hipótese, construiu uma célula para produzir eletricidade. Esta célula combinava o hidrogénio e o oxigénio e produzia eletricidade. Esta foi a primeira pilha a gás do mundo.

A Lenoir desenvolveu uma carrinha chamada "hipopótamo móvel". Este foi o primeiro veículo de combustível flexível que utiliza dois combustíveis no mesmo depósito. Na maioria dos casos, a gasolina é utilizada com metanol ou etanol. Em 1860, colocou este motor num carrinho de três rodas. A figura abaixo mostra este motor de dois tempos.

Fig. 1.7: Hippo Mobile (motor de duas unidades)

Este motor funcionava com combustível de hidrogénio. Mais tarde, este motor passou a funcionar com diferentes combustíveis. Cerca de 400 destes motores foram vendidos e competiram com grande sucesso.

Luding Mond e os seus colegas realizaram experiências utilizando o hidrogénio como combustível. Construíram uma célula de combustível que produzia 6 amperes de corrente a 0,73 volts. Nesta célula utilizou placas de barro e eletrólito em forma quase sólida.

Friedrich Wilhelm determinou a relação entre as partes da pilha de combustível, incluindo: eletrólito, aniões e catiões, e os agentes utilizados no processo de oxidação e redução. Esta informação sobre a célula de combustível ajuda os futuros investigadores no seu trabalho no domínio da tecnologia das células de combustível. [3]

No século XX, Emil, juntamente com os seus alunos, realizou uma vasta investigação sobre células de combustível de alta temperatura. O eletrólito utilizado nestas células era feito de prata fundida.

Uma tentativa foi feita pela Norsk Hydro Company em 1933, que recebeu pouca publicidade. O produtor de energia da Noruega modificou um pequeno camião, utilizando o hidrogénio como combustível. Um reformador foi colocado nele para obter H2 a partir do amoníaco. Tratava-se de um excelente aparelho.

Fig. 1.8: Camião modificado da empresa Norsk Hydro a funcionar com H2

Thomas Bacon realizou uma investigação e trabalhou numa célula de combustível de alta pressão. Desenvolveu com êxito uma célula de combustível constituída por eléctrodos de níquel. Pode funcionar até 3000pa de pressão. O seu trabalho ajudou na Segunda Guerra Mundial. A célula de combustível que desenvolveu podia ser utilizada em submarinos. Em 1958, foi desenvolvida uma célula de combustível alcalina constituída por eléctrodos de 10" de diâmetro. Bacon foi bem sucedido no seu desenvolvimento e o seu trabalho foi licenciado. As suas ideias ainda são utilizadas em naves espaciais.

Nos Estados Unidos, o cientista Harry Karl envolveu-se com as células de combustível. Harry trabalha no domínio dos agricultores e das ferramentas agrícolas. Modificou um trator agrícola que funcionava com um motor elétrico. Este dispositivo era alimentado por 1008 células combinadas. Estas células combinadas produziam 15 kW de eletricidade. Karl foi o primeiro a conceber o primeiro veículo com motor elétrico. Este trator era capaz de puxar um peso de 3000 libras.

Fig.1.9: Trator agrícola modificado por Harry Karl

Este trator tem um peso de 1270 kg e o propano é utilizado como combustível e não está à venda a qualquer preço.

Ao mesmo tempo, a força aérea americana preparou novamente o bombardeiro B-57. O piloto pode mudar o motor durante o voo e fazê-lo funcionar com hidrogénio. Não utilizaram querosene como combustível. Esta experiência foi bem sucedida, mas não pôde ser desenvolvida porque o hidrogénio era mais caro do que a gasolina.

Locked, Whiteny e Pratt construíram um avião de grande altitude em que o hidrogénio líquido era utilizado como combustível, mas este avião não conseguiu fazer mais desenvolvimentos. De qualquer modo, este desenvolvimento trouxe uma vantagem para os militares: não são necessárias mais precauções de segurança para o hidrogénio do que para outros hidrocarbonetos. Este teste provou que o mito de Hindenburg estava errado.

De 1955 a 1958, um grupo de engenheiros químicos e cientistas concebeu uma célula de combustível para produzir eletricidade. Um tipo de célula de combustível "membrana de permuta de protões" foi desenvolvido por Willard Thomas, tendo a investigação deste grupo sido útil. Mais tarde, Leonard Niedrach concebeu uma célula de combustível PEM. Esta célula foi diferente de outras, uma vez que a platina foi utilizada como catalisador. A PEM foi a primeira célula de combustível utilizada comercialmente no projeto espacial.

Nos anos 60, um grupo de investigadores, o eletroquímico e físico austríaco Dr.

Karl Kordesch, construiu uma central eléctrica de electro-van. Continuou o seu trabalho de modificação da pilha de combustível alcalina. A mota em que o Dr. Kordesch viaja (nesta foto) parece vulgar, mas não tem motor de combustão e não produz ruído. Esta mota pode percorrer 200 milhas consumindo um galão de combustível (hidrazina). O Dr. Kordesch familiarizou-se com o hidrogénio e a pilha de combustível.

Foi ele que, pela primeira vez, conduziu um veículo de célula de combustível nas estradas, mas depois dele ninguém desenvolveu um veículo movido a hidrogénio. Nesta altura, o Dr. Geoffery (chefe do Gabinete de Investigação de Conversação de Energia) expôs a química e a eletricidade e formou o sistema de energia Bllered. Ele, juntamente com outros, tornou a célula de combustível mais pequena e menos dispendiosa.

Fig. 1.10: O Dr. Geoferry no seu trabalho

Muitas empresas de veículos começaram a utilizar este tipo de motor, no qual o hidrogénio é utilizado como combustível, devido às menores precauções de segurança. É certo que os novos desenvolvimentos e investigações continuarão e que, num futuro próximo, veremos uma sociedade nova, ecológica e única. [4]

1.3 Célula de combustível: uma tecnologia emergente

A pilha de combustível é mais dispendiosa do que outras tecnologias de conversão de energia, o que constitui a principal desvantagem da pilha de combustível, mas este obstáculo será resolvido em breve, uma vez que o custo da pilha de combustível diminuiu rapidamente nos últimos anos. No passado, quase todas as aplicações das pilhas de combustível eram em programas de vaivéns espaciais. Para baixar os preços das pilhas de combustível para um nível desejável, o Governo concedeu 350 milhões de dólares para campos de investigação. O governo está a apoiar a SECA, que está a distribuir dinheiro a quatro grandes empresas para quebrar a barreira do custo das pilhas de combustível. Se se tornar menos dispendiosa, tornar-se-á mais poderosa do que outras tecnologias devido às suas vantagens, ou seja, funcionar silenciosamente, sem emissões virtuais, funcionar silenciosamente e ser mais eficiente.

A pilha de combustível tem uma eficiência menor quando funciona sozinha (40-55%) e uma eficiência elevada quando funciona com CHP (80%). Trata-se de uma melhoria muito clara em relação às actuais células de combustível. É completamente feita de materiais sólidos e não tem peças sobressalentes ou móveis, o que simplifica a sua conceção, pelo que uma pilha de combustível pode funcionar durante muito tempo. Na célula de combustível ideal, a saída é água e não há praticamente emissões. A principal vantagem da pilha de combustível, que tem atraído muitos clientes, é o facto de funcionar silenciosamente. Nos motores de combustão, as conversões de energia ocorrem por processos mecânicos que produzem som, mas na célula de combustível este processo ocorre através de processos químicos e não produz ruído. Todas as características acima mencionadas fazem da pilha de combustível a melhor escolha do futuro. [3]

2. Tipos e concepções de células de combustível

Para obter um rendimento elevado de corrente e energia, as células de combustível podem ser combinadas em paralelo e em série, respetivamente. Esta formação é designada por pilha de células de combustível. O rendimento da corrente também pode ser aumentado aumentando a área da célula de combustível. A potência de saída será máxima se os gases dentro da pilha se distribuírem uniformemente.

2.1 Tipos de células de combustível

Existem os seguintes tipos de células de combustível:

1. Célula de combustível de membrana de permuta de protões (PEMFC)
2. Célula de combustível de ácido fosfórico (PAFC)
3. Célula de combustível de alta temperatura OU Célula de combustível de óxido sólido (SOFC)
4. Célula de combustível de hidrogénio-oxigénio OU Célula de combustível alcalina (AFC)
5. Célula de combustível de carbonato fundido (MCFC)

2.1.1 Célula de combustível de membrana de permuta de protões

Neste tipo de célula de combustível, há uma troca de protões de hidrogénio e oxigénio. É constituída por uma membrana polimérica que conduz os protões do hidrogénio e do oxigénio. Esta membrana contém uma solução electrolítica, eletricamente isolante e colocada entre o ânodo e o cátodo. Nos anos 70, era designada por célula de combustível de eletrólito de polímero sólido (SPEFC).

Reação no ânodo: O hidrogénio divide-se em duas partes, uma é o protão e a outra é o eletrão, quando se difunde para o catalisador no ânodo. O ião positivo do hidrogénio reage com os oxidantes. Estes iões positivos deslocam-se em direção ao cátodo através do catalisador e são conduzidos através da membrana chamada alimentação

Reação no cátodo: estes iões positivos, quando chegam ao cátodo, reagem com os iões negativos e o oxigénio já presentes no cátodo. Os electrões percorrem o circuito externo como mostra a figura (2.1)

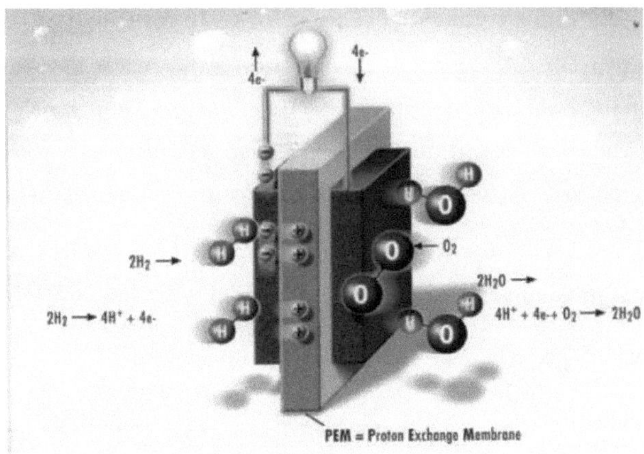

Fig. 2.1: Reação PEM

Alguns hidrocarbonetos, como o gasóleo, o metanol e os hidretos químicos, são alguns tipos de hidrogénio puro. Nestes hidrocarbonetos, o carbono e a água são produtos residuais.

Na construção de células de combustível PEM, os eléctrodos são placas bipolares colocadas numa estrutura de canal com gás fresado. O papel de carbono é colocado sobre a membrana de polímero. Na figura acima, a condensação da água é mostrada pela célula de combustível de membrana de permuta de protões. A corrente é recolhida através do fio de ouro enrolado à volta da célula. (fig.2.2)

Fig. 2.2: Construção do PEM

Na prática, a eficiência de uma célula de combustível é da ordem dos 40-60%. Existem alguns factores que fazem perder a sua eficiência, como as perdas por ativação, as perdas óhmicas e as perdas por transporte de massa. A platina é utilizada como catalisador para aumentar a atividade do catalisador. Outro fator que pode aumentar o desempenho do catalisador é a redução da quantidade de

CO que afecta a sensibilidade da célula de combustível. As células de combustível PEM são leves e utilizadas em aplicações de transporte, como autocarros e automóveis. É necessário hidrogénio puro para o funcionamento das PEMFC.

A diferença entre os tipos de células de combustível deve-se ao material utilizado nas diferentes partes. O material utilizado para as placas bipolares pode ser diferente, como metal, grafite, compósitos de carbono. A parte principal (MEA) da pilha de combustível PEM é ensanduichada entre dois papéis de carbono. O eletrólito utilizado na célula de combustível pode ser uma membrana polimérica.

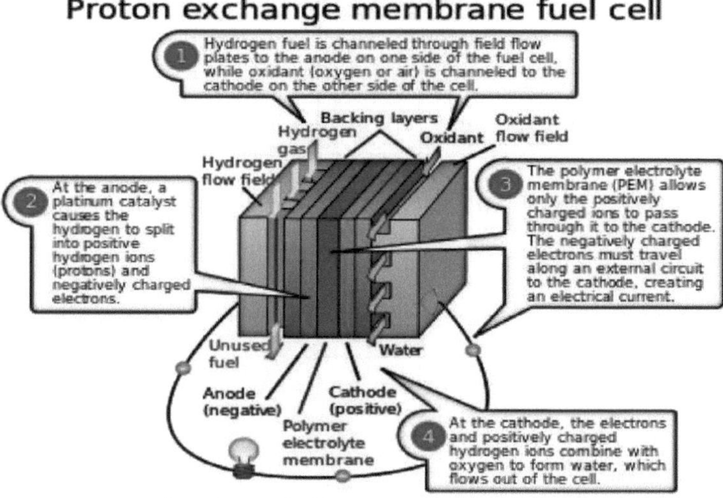

Fig. 2.3: Função PEM

2.1.2 Célula de combustível de ácido fosfórico

A primeira célula de combustível de **ácido fosfórico** foi desenvolvida por G.V. Elmore e A. Tanner em 1961. O ácido fosfórico é utilizado como um eletrólito que se torna não condutor e permite a passagem de protões de hidrogénio do ânodo para o cátodo. Os electrões de hidrogénio movem-se através do circuito externo forçados pelo eletrólito de ácido fosfórico. Estas células funcionam a baixa temperatura, normalmente entre 150 e 200 graus Celsius. Quando funcionam a alta temperatura, produzem calor e energia. Este calor pode ser recolhido e utilizado para diferentes fins. Quando este calor é utilizado na co-geração, a eficiência da célula de combustível pode ser aumentada para 80%. Para aumentar a taxa de formação de iões de hidrogénio, a platina é utilizada como catalisador. A vantagem desta célula de combustível é que é utilizado um eletrólito ácido que aumenta os componentes oxidantes. O subproduto água pode ser utilizado na produção combinada de calor e eletricidade.

Estas células são utilizadas em geradores de eletricidade fixos e também em veículos de grande porte. [6-8]

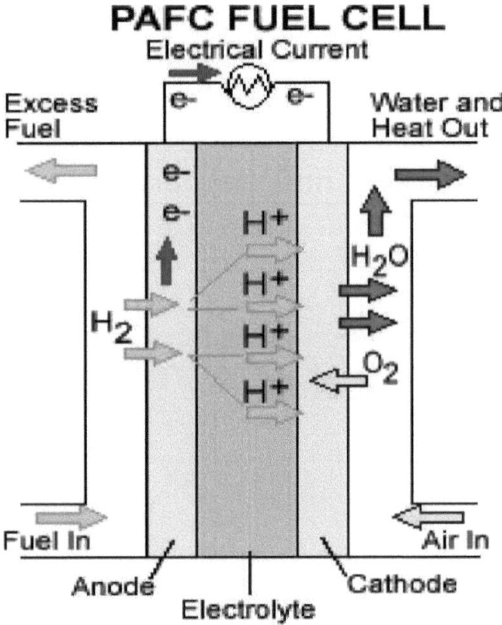

Fig. 2.4: Reação PAFC

2.1.3 Célula de combustível de alta temperatura OU Célula de combustível de óxido sólido (SOFC)

O material sólido, zircónio estabilizado com ítria (YSZ), é utilizado nas SOFCs. A singularidade das SOFC é que o oxigénio se divide em duas partes, iões negativos e positivos. Os iões negativos do oxigénio deslocam-se do cátodo para o ânodo. Nas outras pilhas de combustível, o hidrogénio divide-se em duas partes e os seus iões positivos deslocam-se do ânodo para o cátodo. O gás oxigénio é introduzido na célula através do cátodo, onde reage com os electrões para produzir iões de oxigénio. Estes iões de oxigénio deslocam-se então para o ânodo através do eletrólito e reagem com o hidrogénio gasoso presente no ânodo. Esta reação resulta na produção de eletricidade e água. As equações de reação são apresentadas a seguir:

Reação no ânodo: $2H_2 + 2O^{2-} \longrightarrow 2H_2O + 4e^-$

Reação no cátodo: $O_2 + 4e^- \longrightarrow 2O^{2-}$

Reação geral: $2H_2 + O_2 \longrightarrow 2H_2O$

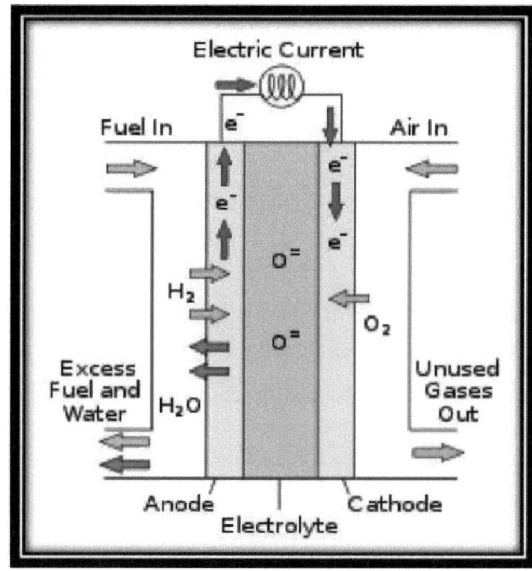

Fig. 2.5: Reação da SOFC

Os combustíveis que não o hidrogénio também podem ser utilizados na célula de combustível de óxido sólido, mas o combustível deve conter hidrogénio, uma vez que é necessário, como mencionado na reação acima. Em primeiro lugar, os outros combustíveis são convertidos em hidrogénio e, em seguida, utilizados para fazer funcionar a SOFC. Estas células têm capacidade interna para converter combustíveis em hidrogénio. Estes combustíveis podem ser o metano, o propano e o butano.

Desvantagens: As SOFC podem funcionar a altas temperaturas, entre 800 e 1000 graus Celsius, pelo que enfrentam muitos desafios. O pó de carbono produzido no ânodo abranda o processo de conversão de hidrocarbonetos em hidrogénio puro. Uma investigação sobre a coquefacção de carbono mostrou que a poeira de carbono produzida no ânodo pode ser reduzida utilizando cermet à base de carbono. Não é muito útil para aplicações móveis, uma vez que demora bastante tempo a arrancar.

Vantagens: Como a SOFC pode funcionar a altas temperaturas, não são utilizados catalisadores nesta célula para aumentar a atividade do catalisador. Por isso, tem uma eficiência teórica elevada (80-85%). Uma vez que estas células são inteiramente feitas de sólidos, têm uma vasta gama de aplicações e não só são utilizadas para a construção de outras células, mas também para conceber tubos laminados.

A elevada temperatura de funcionamento da SOFC deve-se ao material sólido utilizado nesta célula. Para diminuir a temperatura de funcionamento desta célula para 500-600 graus Celsius, é utilizado um material como o óxido de cério e gadolínio (CGO) em vez de YSZ. O custo e o tempo de arranque podem ser reduzidos com a utilização de CGO.

2.1.4 Célula de combustível de hidrogénio-oxigénio OU Célula de combustível alcalina

O primeiro HOFC foi projetado por Francis Thomas bacon. Foi demonstrado em 1959. Inicialmente foi utilizada nos programas espaciais Apollo. Também é chamada de Célula de Combustível Alcalina.

Construção: nesta célula são utilizados dois eléctrodos, cada um contendo carbono poroso. Estes eléctrodos são mergulhados numa solução catalisadora de platina ou de árgon. O eletrólito utilizado nesta célula é uma solução concentrada de hidróxido de potássio ou de hidróxido de sódio.

Reação: Os gases hidrogénio e oxigénio são fornecidos ao eletrólito através dos eléctrodos feitos de carbono poroso. O hidrogénio e o oxigénio combinam-se para formar água, completando a reação. A célula continua a sua reação até que todos os reagentes desapareçam. Estas células podem funcionar a uma temperatura de 343K-413K. A esta temperatura, fornece um potencial de 0,9V.

As desvantagens da célula de combustível alcalina (AFC) são o facto de produzir CO_2 e CO, que são venenosos. Por isso, os combustíveis utilizados nesta célula são utilizados após a reforma.

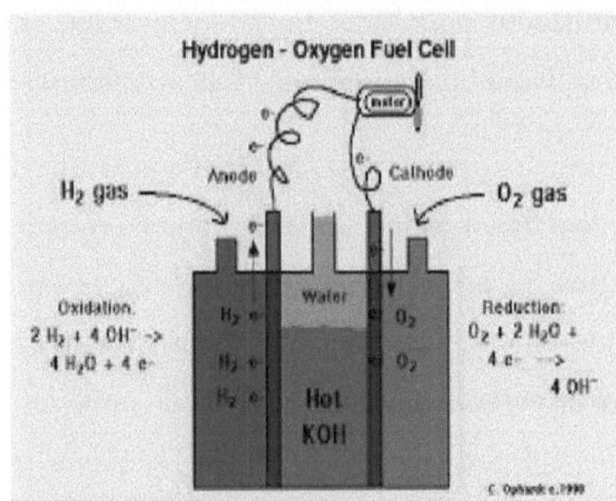

Fig. 2.6: Reação AFC

2.1.4 Célula de combustível de carbonato fundido

A célula de combustível de carbonato fundido MCFC funciona a alta temperatura. A temperatura necessária para esta célula situa-se na gama dos 600-650 graus Celsius. O eletrólito utilizado nesta célula contém sal de carbonato de lítio e potássio. Este sal está na forma sólida e é necessária uma temperatura elevada para o liquefazer, o que torna possível o movimento de cargas dentro da célula. Nas MCFC podem ser utilizados vários combustíveis, como o metano (gás natural), o biogás e o carvão. Mas estes combustíveis são utilizados depois de reformados. Nas MCFC, o combustível é reformado para obter hidrogénio puro. o CO_2 é emitido neste processo de reforma.

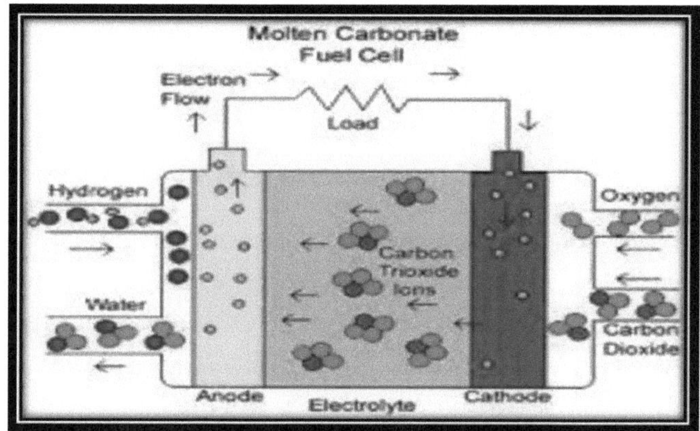

Fig. 2.7: Reação da MCFC

Os iões negativos de carbonato são produzidos a partir do eletrólito e reagem com o gás hidrogénio para formar água. Nesta reação, formam-se também CO_2 e alguns outros produtos químicos. Estes electrões deslocam-se para o ânodo através do circuito externo e regressam ao cátodo, produzindo eletricidade.

Reação no ânodo:

$$CO_3^{2-} + H_2 \longrightarrow H_2O + CO_2 + 2e^-$$

O oxigénio é produzido a partir do ar e do dióxido de carbono quando os electrões regressam ao cátodo. Este oxigénio reage então com os electrões e forma iões de carbonato (CO_3^{2-}) e completa o processo. [14]

Reação no cátodo:

$$CO_2 + 1/2O_2 \longrightarrow CO_3^{2-}$$

Reação geral:

$$2H_2 + 1/2O_2 \longrightarrow H_2O$$

Desvantagens:

Uma vez que a MCFC funciona a alta temperatura, aumenta o tempo necessário para arrancar o sistema, pelo que não é muito útil para aplicações móveis, mas sim para fins estacionários. A MCFC tem um período de vida e durabilidade curtos porque os iões de carbonato do eletrólito provocam a corrosão do ânodo e do cátodo. Os investigadores da MCFC desenvolveram uma célula em que foi utilizado material cermet que aumenta a sua durabilidade e vida útil sem afetar o seu desempenho.

Vantagens:

As vantagens da MCFC são muitas. Resiste às impurezas e reduz a coqueificação do carbono que reduz o seu desempenho. A coquefacção de carbono torna o processo de reforma mais lento. Por isso, os combustíveis que contêm carbono também são utilizados nesta célula. Tem uma eficiência elevada (50%) do que a PAFC (3742%). A sua eficiência pode aumentar para 65% quando funciona com uma turbina e 80% num sistema CHP. O fabricante de MCFC desenvolveu uma MCFC com uma gama de produtos de 300KW a 2,8MW. A sua eficiência é de cerca de 47% e 65% quando utilizada com turbina. A sua eficiência pode aumentar ainda mais no sistema CHP. [9-12]

Tabela 1: Comparação dos tipos de células de combustível [46]

Fuel cell type	Operating temperature (f)	System size	Electrical efficiency	CHP efficiency	Applications	Key advantages
PEM	122-212	<250kW (typically 5-10kW)	25-30%	70-90%	Backup power	Low temperature, quick startup
PAFC	302-392	50Kw-1MW (typically 250 kW Module	>40%	>85%	Distributed generation	Tolerance to hydrogen impurities
MCFC	1112-1292	50 kW–1 MW (typically 250 kW module)	45-47%	>80%	Distributed generation	High efficiency, fuel and electrolyte flexibility
SOFC	1202-1832	<1 kW-3 MW	25-43%	<90%	Utility scale; large distributed-generation	High efficiency, use of solid electrolyte

2.3 Eficiência

2.3.1 Teórico

A eficiência de um dispositivo de conversão de energia é medida pelo rácio entre a energia de saída e a energia de entrada.

Eficiência = energia de saída/energia de entrada

A percentagem de eficiência pode ser calculada da seguinte forma

Percentagem de energia = (energia de saída/energia de entrada)*100

A energia de saída é a energia fornecida à célula ou sistema sob a forma de reagentes e a energia de saída é a quantidade de energia fornecida pela célula ou sistema sob a forma de produtos. Os reagentes podem ser gases como o hidrogénio e o oxigénio ou outros hidrocarbonetos. Enquanto os produtos podem ser energia sob a forma de eletricidade, água, dióxido de carbono ou outros produtos químicos. A energia de entrada é denominada "energia livre de Gibbs", designada por A .

De acordo com o departamento de energia dos EUA, a eficiência das células de combustível situa-se entre os 40 e os 60%. Esta eficiência é superior à de outras tecnologias de conversão de energia, por exemplo, a eficiência de um motor de automóvel é de cerca de 25%, enquanto a eficiência do sistema de produção combinada de calor e eletricidade é de 85-90%. Na PCCE, o calor é produzido, recapturado e utilizado, o que aumenta a sua eficiência.

Existe uma grande diferença entre a eficiência teórica e a eficiência prática. Esta diferença deve-se a algumas perdas de energia durante o funcionamento da célula de combustível. Alguns factores, como a produção, o transporte e a conversão do combustível, não são considerados responsáveis pela redução da eficiência da célula de combustível. A eficiência teórica máxima pode ser atingida se a célula funcionar com uma densidade de potência baixa e se o combustível utilizado na célula for hidrogénio e oxigénio puros, sem que o calor seja captado durante o funcionamento e colocado em utilização. A eficiência do motor de combustão interna é de cerca de 58%. Embora a eficiência teórica não possa ser alcançada na prática, é possível aproximar-se deste limite teórico quando é combinada com turbinas a gás. A turbina a gás converte o calor captado em energia, aumentando a eficiência para 80% na prática. [17]

2.3.2 Na prática

A eficiência da célula de combustível varia consoante a mudança de combustível. Quando a carga é baixa, a sua eficiência é de cerca de 45%. Num procedimento de teste, apresentou uma eficiência média de 36%. Este teste foi efectuado num ciclo conhecido como novo ciclo europeu de derivação (NEDC). Mostrou uma eficiência quando o diesel foi utilizado como combustível. Em 2008, a empresa "Honda" desenvolveu um veículo a pilha de combustível com uma eficiência de 60%. As perdas devidas à produção, ao armazenamento e ao transporte também devem ser tidas em conta. A eficiência também varia consoante as condições de enchimento do gás hidrogénio. A eficiência é de 22% quando o hidrogénio é utilizado na forma comprimida, enquanto a eficiência é baixa, de cerca de 17%, quando é utilizado na forma líquida.

A pilha de combustível é diferente das baterias, pois não pode armazenar energia. Só pode armazenar hidrogénio gasoso, mas, em algumas aplicações, o sistema de armazenamento e os electrolisadores são formas de armazenamento de energia, por exemplo, o sistema solar e as tecnologias de energia eólica. A maior parte do hidrogénio é produzido por reformação do gás natural e produz CO_2. [15-16]

A eficiência de ida e volta é a eficiência global da célula de combustível, que pode ser alcançada utilizando 50% de hidrogénio e oxigénio puros. A pilha de combustível pode armazenar grandes quantidades de hidrogénio e funcionar durante muito tempo. Quando o hidrogénio e o oxigénio são recombinados na SOFC, é emitido calor exotérmico. A cerâmica pode funcionar a altas temperaturas, até 800 graus Celsius. Este calor emitido pode ser utilizado para aquecer a água em sistemas de micro-cogeração. Isto aumenta a eficiência para 80-85%, sem ter em conta as perdas devidas à produção e a alguns outros factores. [15]

3. Aplicações

As pilhas de combustível têm muitas aplicações, dependendo dos seus tipos. As pilhas de combustível podem produzir energia entre 1 watt e 10 MW. Pode ser utilizada em quase todas as aplicações em que é necessária energia. Também é aplicável em grande e pequena escala. As suas aplicações em pequena escala são telemóveis, computadores pessoais e outros equipamentos electrónicos. As pilhas de combustível fornecem energia entre 1KW e 100KW e são utilizadas em veículos eléctricos para fins militares e domésticos. Também é aplicável em áreas de transporte público.

As células de combustível são utilizadas em redes quando produzem energia na gama de 1MW-100MW. Nas redes, são utilizadas para converter a energia na forma de energia necessária. O desenvolvimento da pilha de combustível terá um grande impacto na vida futura, uma vez que é aplicável em todos os domínios de produção de energia. Uma vez que as dimensões das células de combustível não são muito grandes devido aos seus pequenos componentes. É largamente utilizada nos transportes e nos electrodomésticos. Atualmente, a GM está totalmente concentrada no desenvolvimento de células de combustível. A empresa está a desenvolver um automóvel que será completamente independente do sistema mecânico e poderá ser movido a eletricidade. Este desenvolvimento irá certamente reduzir o tamanho do automóvel, diminuindo o tamanho dos seus componentes móveis.

As células de combustível têm grandes vantagens em relação às baterias. As células de combustível não precisam de ser recarregadas e têm densidades de potência mais elevadas do que as baterias. Devido ao seu tamanho reduzido, podem caber num espaço pequeno e fornecer mais energia por unidade de área. Em grande escala, as células de combustível são utilizadas em centrais eléctricas com turbinas actuais para aumentar a sua eficiência. O calor desperdiçado pelas células de combustível pode ser utilizado em centrais de produção combinada de calor e eletricidade e em centrais de turbinas, o que aumenta a eficiência prática para 80%. [3]

3.1 Potência

Os componentes de energia estacionários são utilizados para a era de energia essencial e de reforço empresarial, moderna e privada. As unidades de energia são excecionalmente valiosas como fontes de força em áreas remotas, por exemplo, vaivém, estações climáticas remotas, parques extensos, focos de correspondência, áreas rurais, incluindo estações de investigação, e em certas aplicações militares. Uma estrutura de módulo de energia que funcione com hidrogénio pode ser mínima e leve, e não tem grandes partes móveis. Uma vez que as unidades de energia não têm partes móveis e não incluem ignição, em condições perfeitas podem atingir uma fiabilidade de até

99,9999%. Isto compara-se a um curto espaço de tempo de inatividade num período de seis anos.

Uma vez que os sistemas electrolisadores de energia não armazenam combustível em si mesmos, mas dependem de unidades de armazenamento exteriores, podem ser eficazmente ligados em armazenamento de energia em grande escala, sendo os territórios nacionais um exemplo. Existem vários tipos de unidades de energia estacionárias, pelo que as eficiências variam, mas a maioria tem uma eficiência energética de cerca de 40% a 60%. No entanto, quando o calor residual da unidade de energia é utilizado para aquecer um edifício num quadro de co-geração, esta eficácia pode aumentar para 85%.

Isto é muito mais eficiente do que as centrais eléctricas a carvão habituais, que têm apenas cerca de 33% de eficiência energética. Se forem criadas em grande escala, as unidades de energia poderão poupar 20-40% nos custos de energia quando utilizadas como parte de sistemas de co-geração. Os componentes energéticos são, além disso, muito mais limpos do que a era da força habitual; uma central de componentes energéticos que utilizasse gás normal como fonte de hidrogénio produziria menos de uma onça de contaminação (para além do CO2) por cada 1.000 kW-h fornecidos, em comparação com 25 libras de toxinas criadas pelos sistemas de ignição tradicionais. Os componentes energéticos criam igualmente menos 97% de emissões de óxido de azoto do que as centrais a carvão comuns.

Fig. 3.1: Célula de combustível em aplicações de energia

Um desses sistemas experimentais está a funcionar na Ilha Stuart, no Estado de Washington. A Stuart Island Energy Initiative montou uma estrutura circular completa: Placas orientadas para o sol controlam um eletrolisador, que produz hidrogénio. O hidrogénio é guardado num tanque de 500 galões americanos (1.900 L) a 200 libras por cada rastelo quadrado (1.400 kPa), e faz funcionar um dispositivo de energia Relion para dar movimento elétrico total até ao arranjo de vida fora da estrutura.

Os componentes energéticos podem ser utilizados com gás de baixa qualidade proveniente de aterros sanitários ou de estações de tratamento de águas residuais para produzir energia e reduzir as emissões de metano. Uma central de módulos de energia de 2,8 MW na Califórnia é considerada a maior do género. [22]

3.2 Cogeração

As estruturas de componentes de energia CHP e micro CHP são utilizadas para produzir energia e calor para casas, edifícios de escritórios e linhas de produção. O sistema cria força eléctrica consistente, oferecendo energia em excesso de volta à rede quando não é gasta e, entretanto, fornece ar quente e água a partir do calor residual. Como resultado, as estruturas CHP podem possivelmente poupar energia essencial, uma vez que podem utilizar o calor residual que é, na sua maior parte, rejeitado pelos sistemas de transformação de energia quente. O limite de utilização de uma unidade de energia doméstica é de 1-3 kW. O sistema CHP ligado a chillers de absorção utiliza o seu calor residual para refrigeração.

O calor residual das unidades de energia pode ser redireccionado durante o meio do ano especificamente para o solo, proporcionando um maior arrefecimento, enquanto o calor residual durante o inverno pode ser bombeado diretamente para o edifício. O College of Minnesota possui os direitos de patente para este tipo de sistema.

As estruturas Co-era podem atingir 85% de eficiência (40-60% eléctrica + parte restante como térmica). Os componentes de energia fosfórico-corrosiva (PAFC) envolvem o maior fragmento de itens CHP existentes em todo o mundo e podem dar eficiências unidas perto de 90%. Carbonato líquido (MCFC) e módulos de energia de óxido forte (SOFC) são igualmente utilizados para calor consolidado e era de força e têm eficiências de energia elétrica em torno de 60%. As desvantagens das estruturas de co-geração incorporam taxas moderadas de inclinação aqui e ali, alto custo e vida útil curta. Além disso, a necessidade de um tanque de armazenamento de água quente a ferver para suavizar a criação de calor quente era um impedimento genuíno no centro comercial doméstico, onde o espaço nas propriedades locais é um prémio extraordinário.

Os peritos da Delta-ee afirmaram em 2013 que, em 64% dos negócios mundiais, a unidade de energia de pequena escala juntou calor e força, ultrapassando os quadros habituais nos negócios de 2012. A empresa japonesa ENE Ranch passará 100.000 quadros de micro CHP FC em 2014, 34.213 PEMFC e 2.224 SOFC foram introduzidos no período 2012-2014, 30.000 unidades em GNL e 6.000 em GPL.

3.3 Veículos eléctricos a pilhas de combustível

Fig. 3.2: Toyto Mirai

Fig. 3.3: Veículo a pilha de combustível

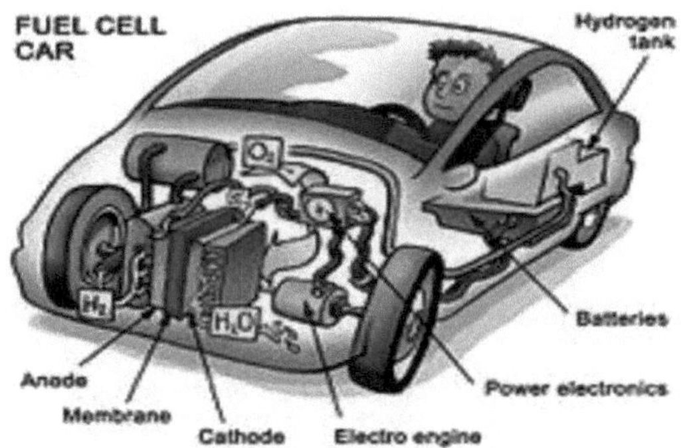

Fig. 3.4: Configuração dos componentes num automóvel com pilha de combustível

3.4 Automóveis

A partir de 2015, foram apresentados dois veículos eléctricos para aluguer e venda em quantidades limitadas: o Toyota Mirai e o Hyundai ix35 FCEV. Os modelos de exposição extra incorporam o Honda FCX Clarity e o Mercedes-Benz F-Cell. Em junho de 2011, os FCEVs tinham percorrido mais de 4.800.000 km (3.000.000 mi), com mais de 27.000 reabastecimentos. Os veículos com dispositivo de demonstração de potência foram entregues com "uma autonomia de mais de 400 km entre reabastecimentos". Podem ser reabastecidos em menos de 5 minutos O Programa de Inovação de Dispositivos de Potência do Gabinete de Energia dos EUA afirma que, a partir de 2011, os módulos de potência atingiram 53-59% de proficiência a um quarto da potência e 42-53% de produtividade do veículo a potência total, e uma força de mais de 120.000 km com menos de 10% de degradação. Num exame de reprodução Well- to-Wheels que "não abordou os aspectos financeiros e os requisitos do sector empresarial", a General Engines e os seus cúmplices avaliaram que, por milha percorrida, um veículo elétrico movido a hidrogénio vaporoso embalado fornecido a partir de gás caraterístico poderia utilizar cerca de 40% menos vitalidade e emanar 45% menos gases de viveiro do que um veículo de combustão interna. Um engenheiro-chefe da Divisão de Vitalidade, cujo grupo está a experimentar automóveis de unidades de energia, disse em 2011 que a proposta potencial é que "estes são veículos de trabalho completo sem quaisquer impedimentos de alcance ou taxa de reabastecimento, pelo que são uma troca imediata para qualquer veículo. Caso em questão, na chance de você dirigir um SUV completo e manobrar um pontão nas montanhas, você pode fazer isso com esta inovação e não pode com os veículos atuais apenas com bateria, que são mais destinados à condução na cidade.

Em 2014, a Toyota apresentou o seu primeiro veículo de módulo de potência no Japão, o Mirai, com um custo inferior a 100 000 dólares, embora o anterior Presidente do Parlamento Europeu, Pat Cox, avalie que a Toyota perderá inicialmente cerca de 100 000 dólares por cada Mirai vendido. A Hyundai apresentou a criação restrita Hyundai ix35 FCEV. Diferentes produtores que declararam expectativas de oferecer financeiramente veículos eléctricos de unidades de energia até 2016 incorporam a General Motors, Honda, Mercedes-Benz e Nissan. [23]

Crítica

Alguns especialistas acreditam que os veículos automóveis com dispositivos de energia nunca se tornarão rentáveis em relação a outras tecnologias ou que serão necessárias décadas para que se tornem lucrativos. Elon Musk afirmou em 2015 que os componentes energéticos para utilização em automóveis nunca serão industrialmente práticos, tendo em conta o desperdício de criar, transportar e armazenar hidrogénio e a combustibilidade do gás, entre outras razões. O educador Jeremy P. Meyers avaliou, em 2008, que a diminuição dos custos ao longo de um período de inclinação de uma geração levará cerca de 20 anos após a apresentação dos automóveis com componentes energéticos, antes de estes terem a capacidade de competir industrialmente com as actuais inovações do sector empresarial, incluindo os motores de combustão interna a gás. Em 2011, o administrador e chefe da General Engines, Daniel Akerson, expressou que, embora a despesa dos automóveis com módulo de energia de hidrogénio esteja a diminuir: "O automóvel ainda é excessivamente caro e presumivelmente não será um senso comum até 2020 ou mais, não sei".

3.3 Autocarros

Fig. 3.5: FCHV-Bus

Em agosto de 2011, havia um total de cerca de 100 transportes de módulos de potência enviados para todo o mundo. A maioria dos transportes é criada pela UTC Power, Toyota, Ballard, Hydrogenics e Proton Engine. Em 2011, os transportes da UTC tinham percorrido mais de 970 000 km. Os transportes de módulos de energia têm uma eficiência 39-141% mais elevada do que os transportes a diesel e os autocarros a gás normais. Os transportes de componentes de energia foram enviados para todo o mundo, incorporando Whistler, Canadá; São Francisco, Estados Unidos, Hamburgo, Alemanha, Xangai, China, Londres, Grã-Bretanha e São Paulo, Brasil.

O Clube de Transporte de Unidades de Energia é um esforço mundialmente útil em transportes experimentais de dispositivos de energia. As actividades de destaque incluem:

• 12 transportes de aparelhos eléctricos estão a ser efectuados no território de Oakland e San Francisco Sound, na Califórnia.

• A Daimler AG, com 36 transportes de teste controlados por unidades de energia Ballard Power Frameworks, concluiu um ensaio efetivo de três anos em onze comunidades urbanas, em janeiro de 2007.

-Uma armada de transportes Thor com unidades de energia UTC Power foi transportada para a Califórnia, a cargo da SunLine Travel Agency. [23]

3.4 Empilhadores

Um empilhador de unidade de energia (adicionalmente designado por empilhador de módulo de potência) é um empilhador moderno alimentado por um componente de energia utilizado para levantar e transportar materiais. Em 2013, havia mais de 4.000 empilhadores de componentes energéticos utilizados como parte do tratamento de materiais nos EUA, dos quais apenas 500 obtiveram financiamento do DOE (2012). O sector empresarial mundial é de 1 milhão de empilhadores por ano. As armadas de unidades de energia são utilizadas por diferentes organizações, incluindo a Sysco Nourishments, a FedEx Cargo, a GENCO (na Wegmans, CocaCola, Kimberly Clark) e a H-E-B Grocers. A Europa exibiu 30 empilhadores de componentes energéticos com a Hylift e alargou-a com a Hylift-EUROPE para 200 unidades, com diferentes empreendimentos em França e na Áustria. A Pike Research afirmou em 2011 que os empilhadores controlados por componentes energéticos serão o maior impulsionador do pedido de combustível de hidrogénio até 2020.

Fig. 3.6: Empilhador FC

A maioria das organizações na Europa e nos EUA não utiliza empilhadores a petróleo, uma vez que estes veículos trabalham no interior, onde os fluxos de saída têm de ser controlados, e preferem utilizar empilhadores eléctricos. Os empilhadores controlados por componentes energéticos podem oferecer vantagens em relação aos empilhadores controlados por baterias, uma vez que podem trabalhar durante um turno inteiro de 8 horas com um único depósito de hidrogénio e podem ser reabastecidos em 3 minutos. Os empilhadores controlados por componentes energéticos podem ser utilizados como parte de centros de distribuição refrigerados, uma vez que a sua execução não é prejudicada por temperaturas mais baixas. As unidades FC são frequentemente compostas como substituições drop-in.

Fig. 3.7: Empilhador FC

3.7 Bicicletas e bicicletas

Em 2005, um produtor inglês de dispositivos eléctricos controlados a hidrogénio, IE, criou o principal veículo de cruzeiro a hidrogénio em funcionamento, denominado ENV (veículo natural de emissões). Este veículo tem combustível suficiente para funcionar durante quatro horas e percorrer 160 km em meio urbano, a uma velocidade máxima de 80 km/h. Em 2004, a Honda construiu uma bicicleta eléctrica que utilizava o motor Honda FC

Pilha.

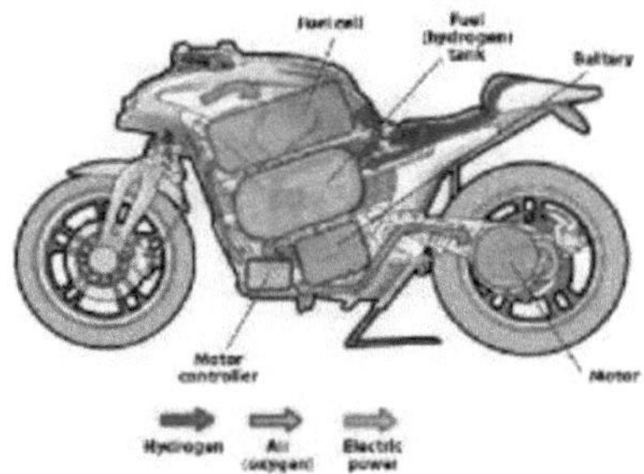

Fig. 3.8: Utilização de Célula de Combustível em Motociclos

Diferentes ilustrações de motos e bicicletas que utilizam dispositivos de energia a hidrogénio incorporam a scooter da organização taiwanesa APFCT que utiliza o sistema de energia da ActaSpA de Itália e a bicicleta Suzuki Burgman com um componente de energia IE que obteve a aprovação da UE para todo o tipo de veículos em 2011. IE anunciaram uma iniciativa conjunta para acelerar a comercialização de veículos de fluxo zero. [24-25]

Fig. 3.9: Utilização da pilha de combustível no ciclo

3.8 Aviões

Em fevereiro de 2008, cientistas da Boeing e cúmplices da indústria de toda a Europa realizaram testes de voo de ensaio de um avião vigiado, controlado apenas por um módulo de energia e baterias leves. O avião demonstrador de componentes energéticos, como foi chamado, utilizou uma estrutura de cruzamento de componentes energéticos de membrana de troca de protões (PEM) e baterias de partículas de lítio para controlar um motor elétrico, que foi acoplado a uma hélice comum. Em 2003, voou o primeiro avião do mundo movido a hélice a ser totalmente controlado por um módulo de potência. O dispositivo de energia era um esquema de pilha que permitia que a unidade de energia fosse coordenada com as superfícies aerodinâmicas do avião.

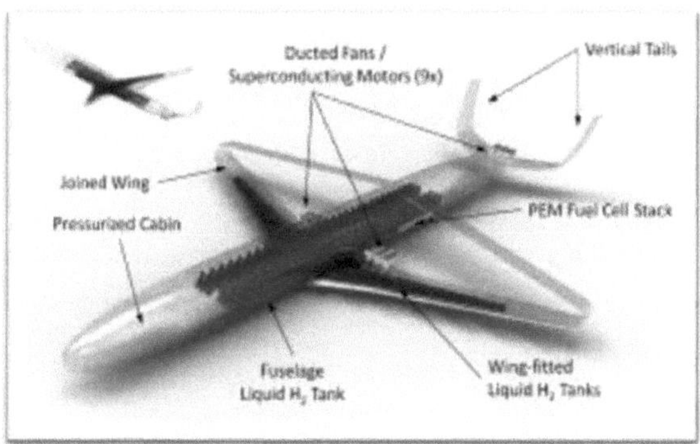

Fig. 3.10: Utilização de pilhas de combustível em aviões

Os veículos aéreos não tripulados (UAV) controlados por componentes energéticos incorporam um UAV do módulo de potência Skyline que estabeleceu o recorde de separação voada para um pequeno UAV em 2007. Os militares estão ocupados com esta aplicação devido ao seu baixo clamor, baixa assinatura quente e capacidade de atingir grandes alturas. Em 2009, o Particle Tiger do Naval Research Laboratory (NRL) utilizou uma unidade de energia controlada por hidrogénio e voou durante 23 horas e 17 minutos. Além disso, estão a ser utilizados dispositivos de energia para dar força auxiliar nos aviões, suplantando os geradores de combustível fóssil que já eram utilizados para iniciar os motores e alimentar as necessidades eléctricas. [26]

Em janeiro de 2016, um Raptor E1 fez um voo experimental eficaz, utilizando uma bateria mais leve do que a bateria de partículas de lítio que substituiu. O vôo durou 10 minutos a uma altitude de 80 metros (260 pés), apesar do fato de que o módulo de energia supostamente tinha combustível suficiente para voar por duas horas. O combustível estava contido em cerca de 100 pastilhas fortes de 1 centímetro quadrado (0,16 sq in) feitas de uma substância restritiva dentro de um cartucho não pressurizado. As pastilhas são fisicamente fortes e funcionam a temperaturas tão quentes como 50 °C (122 °F). A célula era da Arcola Energy.

3.9 Barcos

Fig. 3.11: Barco com pilha de combustível

A primeira unidade de energia do mundo, o barco HYDRA, utilizou uma estrutura AFC com um rendimento líquido de 6,5 kW. A Islândia tem-se concentrado em mudar a sua incomensurável armada de pesca à linha para utilizar componentes de energia para dar força auxiliar até 2015 e, no final, para dar força essencial aos seus navios. Amesterdão apresentou recentemente a sua primeira embarcação controlada por uma unidade de energia que transporta pessoas pelos populares e encantadores canais da cidade. [28]

3.10 Submarinos

Fig. 3.12: Submarino tipo 212

Os submarinos Sort 212 das forças navais alemãs e italianas utilizam componentes energéticos para se manterem submersos durante um período de tempo considerável sem necessidade de vir à superfície.

O U212A é um submarino não atómico criado pelo estaleiro naval alemão Howaldtswerke Deutsche Werft. A estrutura é composta por nove unidades de energia PEM, com uma potência entre 30 kW e 50 kW cada. A embarcação é silenciosa, o que lhe dá margem de manobra no reconhecimento de outros submarinos. Um documento marítimo especulou sobre a probabilidade de uma unidade de energia atómica metade e metade, em que o módulo de potência é utilizado quando são necessárias operações silenciosas e depois recarregado a partir do reator atómico (e da água). [29]

3.11 Sistema de alimentação portátil

O sistema de energia portátil que utiliza módulos de energia pode ser utilizado como parte do segmento de recreação, a parte moderna (ou seja, energia para áreas remotas, incluindo poços de gás / petróleo, torres de correspondência, segurança, estações climáticas) e no segmento militar. A SFC Vitality é um fabricante alemão de componentes de energia de metanol direto para uma variedade de sistemas de força compactos. A Ensol Frameworks Inc. é um integrador de estruturas de força compactas, utilizando o SFC Vitality DMFC.

Alimentação das estações

Fig. 3.13: Posto de abastecimento de hidrogénio

Havia mais de 85 estações de reabastecimento de hidrogénio nos EUA em 2010. Em novembro de 2013, o The New York Times informou que havia "10 estações de hidrogénio acessíveis à população em geral em todos os Estados Unidos: uma em Columbia, SC, oito no sul da Califórnia e uma em Emeryville". Em 2013, o Gabinete de Energia impulsionou o H2USA, concentrado em impulsionar a infraestrutura de hidrogénio. A partir de julho de 2015, havia 12 estações de energização de hidrogénio abertas nos EUA, 10 das quais na Califórnia.

A primeira estação de reabastecimento de hidrogénio aberta na Islândia funcionou de 2003 a 2007. Servia três transportes da rede de transportes da população em geral de Reiquiavique. A estação criava o seu próprio hidrogénio com uma unidade de electrolise. As 14 estações na Alemanha deveriam ser alargadas para 50 até 2015 através da sua organização privada aberta Now GMBH.

O Japão tem uma interestatal de hidrogénio, como uma caraterística do empreendimento do dispositivo de energia de hidrogénio do Japão. Doze estações de energia de hidrogénio foram inerentes a 11 áreas urbanas no Japão em 2012. O Canadá, a Suécia e a Noruega também tinham organizado auto-estradas de hidrogénio.

3.12 Algumas outras aplicações

- Fornecimento de energia para estações de base ou sítios de células
- Era distribuída
- As estruturas de energia de emergência são uma espécie de estrutura de unidade de energia, que pode incorporar iluminação, geradores e outros dispositivos, para fornecer recursos de reforço numa emergência ou quando as estruturas normais não funcionam. Eles descobrem utilizações como parte de uma grande variedade de configurações, desde casas particulares a instalações de cura, centros de pesquisa investigativa, centros de informação,
- Hardware de telecomunicações e embarcações marítimas de ponta.
- Uma fonte de alimentação contínua (UPS) permite o controlo de crises e, dependendo da topologia, permite também a regulação da linha para o hardware associado, fornecendo energia a partir de uma fonte diferente quando a força da rede eléctrica não está acessível. Não se assemelha de todo a um gerador de reserva, mas assegura um momento de segurança contra uma interferência de energia flutuante.
- Centrais eléctricas de carga de base
- Unidade de energia solar hidrogénio Aquecimento da água
- Veículos híbridos, que combinam o dispositivo elétrico com um motor de combustão interna ou uma bateria.
- PCs portáteis para aplicações em que o carregamento do ar condicionado pode não ser imediatamente acessível.
- Bases de carregamento portáteis para pequenos equipamentos (por exemplo, um fecho de cinto que carrega um telemóvel ou um PDA).
- Smartphones, estações de trabalho portáteis e tablets.
- Pequenos aparelhos de aquecimento
- Salvaguarda de alimentos, conseguida através do esgotamento do oxigénio e consequente manutenção da fadiga do oxigénio num suporte de transporte, contendo, por exemplo, peixe estaladiço.
- Bafómetros, em que a medida da tensão criada por um componente de energia é utilizada para decidir a convergência de combustível (licor) na amostra.
- Identificador de monóxido de carbono, sensor eletroquímico. [2-3]

4. Investigação e desenvolvimento

- Em 1990, K. Kendall desenvolveu uma célula de combustível de óxido sólido microtubular. A vantagem desta célula é o facto de ser pequena em tamanho e demorar menos tempo a arrancar do que os outros tipos de células de combustível. Assim, pode ser utilizada para unidades de potência auxiliares, geradores de eletricidade, fontes de alimentação e recarregadores de baterias. [43]
- O Reino Unido desempenha um papel académico e industrial muito ativo na investigação e desenvolvimento das pilhas de combustível. O super-motor a hidrogénio e células de combustível foi lançado em maio de 2012. Foi dirigido pelo Professor Nigel Brandon e financiado pelo EPSRC[42]. [42]
- Devido ao rápido esgotamento e à escalada do preço dos combustíveis fósseis convencionais, o mundo inteiro procura urgentemente uma fonte alternativa de energia, que seja renovável e possa ser produzida de forma económica. thCom este objetivo, no início do século XX, foi desenvolvida a **célula de combustível microbiana (MFC)**. M. Potter foi o primeiro a trabalhar nesta ideia em 1911. Esta célula converte energia química em energia eléctrica através da reação catalítica de microrganismos. O estrume animal é utilizado como combustível nestas células. [44-45]
- 2005: Os cientistas da Georgia Organization of Innovation utilizaram o triazol para aumentar a temperatura de funcionamento dos módulos de energia PEM de menos de 100 °C para mais de 125 °C, garantindo que isto exigirá menos purga de monóxido de carbono do combustível de hidrogénio. [34]
- 2008: O Monash College, em Melbourne, utilizou o PEDOT como cátodo. [41]
- 2009: Cientistas do College of Dayton, no Ohio, demonstraram que variedades de nanotubos de carbono desenvolvidos verticalmente podem ser utilizados como impulsores em células de combustível. Nesse ano, foi demonstrado um impulso à base de bisdifosfina de níquel para módulos de energia. [35-36]
- 2013: A empresa inglesa ACAL Vitality construiu um componente de energia que, segundo ela, pode continuar a funcionar durante 10.000 horas em condições de condução reproduzidas. Atestou que a despesa de desenvolvimento do módulo de potência pode ser reduzida para $40/kW (geralmente $9.000 para 300 HP). [37-38]
- 2015: Os especialistas da Magnificent School London desenvolveram uma outra técnica de recuperação de PEFCs contaminados com sulfureto. Recuperaram 95-100% da primeira execução de um PEFC contaminado com sulfureto de hidrogénio. Esta técnica de recuperação é pertinente para diferentes pilhas de células. [39-40]

Resumo

Uma célula de combustível é um dispositivo elétrico que converte combustível químico ou contendo hidrogénio em energia eléctrica. A célula é constituída por dois eléctrodos, um eletrólito e um gás combustível. O calor produzido pela reação é convertido em água através da reação eletroquímica. O hidrogénio combustível, no ânodo, divide-se em duas partes, electrões e protões. O eletrão passa através do circuito externo, enquanto o protão passa através do eletrólito e recombina-se com o oxigénio no cátodo para formar água (subproduto).

Sir William Robert Grove inventou a primeira bateria a gás, mais tarde conhecida como célula de combustível. Etienne trabalhou nesta tecnologia e desenvolveu um motor de dois cilindros. Mais tarde, Ladwig, Friedrich, Emil Baur e Thomous Bacon realizaram experiências e desenvolveram várias pilhas de combustível e baterias. Vários grupos de químicos e cientistas trabalharam em conjunto e conceberam uma pilha de combustível chamada pilha de combustível PEM para naves espaciais.

As vantagens da pilha de combustível em relação a outras tecnologias de produção de energia incluem: menos poluição, ausência de ruído, elevada eficiência e não requer mais precauções de segurança do que outros combustíveis à base de hidrocarbonetos. A eficiência da célula de combustível é medida pelo rácio entre a energia de entrada e a energia de saída. Geralmente, a eficiência da célula de combustível situa-se entre 40-60%, mas a sua eficiência aumenta até 85-90% em CHP. A eficiência teórica não corresponde, em caso algum, à eficiência prática. No entanto, é utilizada uma turbina a gás para converter o calor capturado em energia, aumentando a eficiência para 80%.

Os principais tipos de células de combustível são: célula de combustível de membrana permutadora de protões, célula de combustível de carbonato fundido, célula de combustível de hidrogénio e oxigénio, célula de combustível de ácido fosfórico, célula de combustível alcalina e célula de combustível de óxido sólido. Estes tipos de células são diferentes devido ao material utilizado para fabricar diferentes partes, como placas bipolares, eléctrodos, coletor de corrente e membrana, etc.

A pilha de combustível é aplicável tanto em pequena como em grande escala. As suas aplicações em pequena escala incluem: telemóveis inteligentes, computadores pessoais, computadores portáteis, tablets e alguns outros equipamentos electrónicos. Em grande escala, é utilizada nos transportes públicos, como autocarros, automóveis, motociclos, aviões, barcos, submarinos, cogeração, empilhadores, etc. É também utilizado em UPS, fornecendo eletricidade quando ocorre uma interrupção.

Referência:

1. http://americanhistory.si.edu/fuelcells/basics.htm
2. Introdução à tecnologia das pilhas de combustível e do hidrogénio _por Brian Cook, Heliocentris.
3. Introdução à tecnologia das pilhas de combustível "Chris Rayment" por "Scott Sherwin".
4. História das Pilhas de Combustível, Parte 2 por "George Wand"
5. http/:americanhistory.si.edu/fuel cells/pem/pem2.htm
6. Anne-Claire Dupuis, Progresso em Ciência dos Materiais, Volume 56.
7. Medição da eficiência relativa das tecnologias energéticas do hidrogénio para a implementação da economia do hidrogénio 2010.
8. "Efeito do precursor da matriz de resina nas propriedades da placa bipolar de compósito de grafite para células de combustível PEM".
9. Perso.ensem.inpl-nancy.fr. Recuperado em 2009-09-21.
10. Kakati B. K., Mohan V., "Development of low cost advanced composite bipolar plate for P.E.M. fuel cell" (Desenvolvimento de uma placa bipolar composta avançada de baixo custo para células de combustível P.E.M.).
11. Kakati B. K., Deka D., "Differences in physico-mechanical behaviors of resol and novolac type phenolic resin based composite bipolar plate for proton exchange membrane (PEM) fuel cell" [Diferenças nos comportamentos físico-mecânicos da placa bipolar composta à base de resina fenólica de tipo resol e novolac para células de combustível de membrana de permuta de protões (PEM)].
12. Spendelow, Jacob e Jason Marcinkoski. "Custo do sistema de célula de combustível - 2013".
13. Gabinete de Tecnologias de Pilhas de Combustível do DOE, 16 de outubro de 2013.
14. "Ballard Power Systems: Tecnologia de pilha de células de combustível comercialmente viável pronta em 2010".
15. wikipedia.org/wiki/fuel_cell#cite
16. "Empresa de energia ecológica em acordo com a Suzuki". Leicester Mercury. 6 de fevereiro de 2012.
17. "Suzuki e IE vão comercializar carros e motas FC". Gizmag. 8 de fevereiro de 2012.
18. Análise do sector das pilhas de combustível 2013.
19. "Baterias, supercondensadores e células de combustível: Âmbito de aplicação".
20. O Jornal Online sobre Eletrónica e Engenharia Eléctrica, Vol. 2, No. 4, p. 331, 2009
21. "Iniciativa energética da Ilha Stuart". A maior central eléctrica de células de combustível neutras em carbono do mundo, 16 de outubro de 2012
22. Tecnologia e aplicação de células de combustível por "B.J. Holland", "J.G. Zhu", e "L. Jamet".
23. "Prémios do Programa Nacional de Autocarros a Células de Combustível" at the Way back

Machine.

24. "A bicicleta ENV".

25. "Honda desenvolve scooter de célula de combustível equipada com Honda FC Stack". Honda Motor Co.

24 de agosto de 2004.

26. Veículos a pilhas de combustível Horizon: Transportes: Mobilidade ligeira" 2010.

27. "Boeing voa com sucesso um avião movido a células de combustível" 2013.

28. "Barco com emissões zero" 28 de março de 2011.

29. "Submarino super-stealth alimentado por célula de combustível" 2011.

30. Os melhoramentos das pilhas de combustível dão esperança de uma energia limpa e barata.

31. Células de combustível mais baratas.

32. Cartaz da ACAL sobre os custos e a eficiência das pilhas de combustível.

33. Estudos de células individuais e de pilhas de 5 células" julho de 2015.

34. "O químico pode revolucionar as células de combustível de polímero" (PDF). Instituto de Tecnologia da Geórgia.

35. Células de combustível mais baratas.

36. "O design de um catalisador de inspiração biológica pode rivalizar com a platina".

37. "Célula de combustível de hidrogénio tão durável como um motor convencional".

38. Cartaz da ACAL sobre os custos e a eficiência das pilhas de combustível.

39. Kakati, Biraj Kumar; Kucernak, Anthony RJ (15 de março de 2014). "Recuperação da fase gasosa de células de combustível de membrana de eletrólito polimérico contaminadas com sulfureto de hidrogénio".

40. Kakati, BK. "In-situ O3 rejuvenescimento de células de combustível de eletrólito de polímero contaminadas com SO2: estudos de eletroquímica, célula única e pilha de 5 células".

41. "Cátodos em células de combustível" Abc.net.au.

42. Uma visão geral da investigação sobre hidrogénio e pilhas de combustível no Reino Unido.

43. Revisão da célula de combustível de óxido sólido microtubular. Parte I. Questões de conceção da pilha e actividades de investigação.

44. Caracterização da Tensão, Corrente, Potência e Densidade de Potência Geradas a partir de Esterco de Vaca Utilizando Célula de Combustível Microbiana de Câmara Dupla.

45. Células de combustível microbianas como unidades de tratamento de poluentes: Actualizações da investigação.

46. Células de combustível: Documentos informativos para os decisores políticos estatais.

Printed by Books on Demand GmbH, Norderstedt / Germany